Héros méconnus de l'innovation

Ces inventeurs qui ont transformé la vie quotidienne

Table des matières

Préface

Bienvenue dans "Héros méconnus de l'Innovation : ces inventeurs qui ont transformé la vie quotidienne", une exploration des esprits brillants dont les inventions ont laissé une empreinte indélébile sur notre vie quotidienne.

Alors que nous plongeons dans les histoires incroyables de ces inventeurs, il est important de reconnaître que notre sélection n'est qu'un aperçu d'un monde rempli de créateurs ingénieux. Le processus de sélection de ces individus est subjectif, car il y en a d'innombrables autres qui ont également contribué de manière significative à remodeler le monde qui nous entoure.

Chaque invention, qu'il s'agisse d'une percée scientifique ou d'une création humble mais transformative, a le potentiel de modifier la manière dont nous vivons, travaillons et interagissons avec notre environnement. Du révolutionnaire à l'apparemment banal, chaque innovation tisse un fil dans le tissu complexe de nos routines quotidiennes.

Nous nous aventurerons dans les récits captivants des inventeurs qui ont remodelé nos vies et s'il vous plait, considérez la multitude d'autres inventeurs dont les contributions n'ont pas encore été pleinement reconnues. Embarquons pour un voyage de découverte, en reconnaissant que la quête de célébrer l'innovation est aussi illimitée que la créativité humaine elle-même.

Bon voyage.

Georges de Mestral

Commençons par une énigme : quel est le point commun entre un adolescent attachant ses baskets, un astronaute s'installant dans son siège et un médecin mesurant la pression sanguine ?

Pour découvrir la réponse, plongeons dans la vie de Georges de Mestral, l'esprit visionnaire qui, derrière une invention simple mais révolutionnaire, a transformé notre vie quotidienne.

Né en 1907 en Suisse, Georges de Mestral était un passionné de nature et ingénieur de profession. Sa passion pour la nature et l'innovation le mènera à une découverte extraordinaire.

En 1941, après être revenu d'une partie de chasse avec son chien, de Mestral a remarqué que des bardanes de plantes avaient adhéré à ses vêtements et au pelage de son chien. Cette observation en apparence ordinaire a déclenché une série d'événements qui allait changer la façon dont nous attachons les choses à tout jamais.

Intrigué par ce mécanisme naturel, de Mestral examina les bardanes sous un microscope et découvrit de minuscules crochets qui leur permettaient de s'attacher aux tissus et aux poils d'animaux. C'était le moment « eurêka » qui l'a lancé sur le chemin de l'innovation.

Inspiré par le design de la nature, de Mestral se lance alors dans la création d'un dispositif de fixation synthétique qui imitait la capacité de la bardane à adhérer aux surfaces. Il s'est lancé à grand coups de tâtonnements, expérimentant différents matériaux et designs pour perfectionner son invention.

Après des années de persévérance et d'expérimentation, de Mestral a réussi à développer un dispositif de fixation à deux faces, l'une recouverte de petits crochets et l'autre de boucles. Il a nommé son invention "Velcro" - une combinaison des mots français "velours" et "crochet" - pour décrire le mécanisme de fixation doux mais sécurisé.

Le Velcro va être une véritable révolution. Ses applications sont illimitées, que ce soit pour attacher des vêtements et des accessoires ou pour fixer des matériaux industriels. La commodité et la fiabilité du Velcro l'ont particulièrement rendu populaire dans l'industrie aérospatiale, où il était utilisé lors de missions spatiales pour fixer des objets en apesanteur.

À mesure que le Velcro gagnait en popularité, il s'est frayé un chemin dans la vie quotidienne, devenant une caractéristique omniprésente pour des chaussures, des sacs ou des objets domestiques. Son impact allait au-delà de la commodité - il offrait une solution pratique qui transcendait les cultures et les industries.

L'invention de Georges de Mestral lui a valu un brevet en 1955 et cela va lancer la carrière internationale de son invention. Le Velcro est rapidement devenu l'une des solutions de fixation les plus reconnaissables (grâce à son bruit caractéristique) et les plus appréciées dans le monde entier. La diffusion de son invention était un témoignage de l'ingéniosité de l'idée et de la praticité qu'elle offrait dans la vie des gens.

Le succès de de Mestral en tant qu'inventeur ne s'est pas arrêté avec le Velcro. Tout au long de sa carrière, il a continué à innover dans différents domaines, notamment l'aviation et l'énergie.

Son héritage nous rappelle que la curiosité ne connaît pas de limites et que des observations simples peuvent conduire à des percées révolutionnaires.

Harry Coover

Harry Coover, un nom qui peut ne pas vous dit peut-être rien, mais sa contribution à notre existence quotidienne est réelle.

Né en 1917, son parcours l'a emmené sur une voie inattendue qui a abouti à une découverte qui nous accompagne encore aujourd'hui.

Son nom est associé avec une substance adhésive qui va devenir célèbre sous le nom de Super Glue. En 1942, pendant, la seconde guerre mondiale, Coover travaille à trouver un plastique transparent qui pourrait être utilisé pour les viseurs de fusil. A l'époque il ne sait pas encore que ses expériences avec les cyanoacrylates aboutiraient à une telle innovation.

Imaginons-nous un instant, Coover et son équipe faisant des expériences avec des cyanoacrylates, et créant accidentellement un adhésif collant et puissant. Initialement rejeté pour sa nature "faible", Coover a ensuite vu son potentiel et l'a développé, donnant naissance à ce que nous connaissons aujourd'hui sous le nom de Super Glue.

Maintenant, évoquons cette opération commerciale inoubliable. En 1980, une publicité diffusée à la télévision met en scène Harry Coover montrant la puissance du Super Glue. Il était suspendu la tête en bas, les pieds collés au plafond par sa Super Glue, démontrant le pouvoir de son invention.

La vision d'Harry Coover suspendu la tête en bas a capturé l'attention du monde entier en l'associant à jamais à la Super Glue. C'est un témoignage de la créativité qui peut émerger lorsque la science rencontre le spectacle.

Explorons la signification historique de la Super Glue. Au-delà des réparations domestiques et des projets artisanaux, cet adhésif innovant a joué un rôle inattendu pendant la guerre du Vietnam. Les médecins sur le champ de bataille ont utilisé la Super Glue pour refermer rapidement des blessures, fournissant une solution efficace dans des situations où les méthodes traditionnelles étaient impraticables.

La nature polyvalente de la Super Glue s'est avérée indispensable, permettant aux équipes médicales de réagir rapidement et efficacement aux blessures critiques. Cette application en temps de guerre a souligné l'impact profond que les avancées scientifiques peuvent avoir sur les circonstances les plus difficiles.

Alors, comment opère la magie de la Super Glue ? Lorsqu'elle entre en contact avec l'humidité, comme la petite quantité présente sur la plupart des surfaces, elle subit un processus de polymérisation rapide. Cela crée des liaisons solides en quelques secondes, ce qui en fait une solution idéale pour les réparations rapides et les projets de bricolage.

De la réparation de céramiques cassées à la création de modèles complexes, la Super Glue est devenue un héros du quotidien.

L'invention accidentelle d'Harry Coover met en lumière la sérendipité souvent présente dans l'exploration scientifique. Son esprit innovant a conduit à une découverte qui a influencé des industries et des individus du monde entier. Et même s'il est surtout connu pour être resté suspendu la tête en bas dans cette publicité mémorable, c'est sa dévotion et sa créativité qui sont véritablement à l'origine de son invention.

Malheureusement, Harry Coover est décédé en 2011, mais son héritage perdure à travers la merveille adhésive qu'il a offerte au monde. Alors, la prochaine fois que vous attraperez ce petit tube de Super Glue pour réparer, fixer ou créer, souvenez-vous du chimiste curieux qui a découvert-par hasard- son potentiel remarquable.

Stephanie Kwolek

Stephanie Kwolek est née en 1923 près de Pittsburgh, aux USA. Ses parents, des immigrants polonais, lui ont, dès son plus jeune âge, inculqué un amour pour l'apprentissage et une passion pour les sciences. Son père, naturaliste amateur, l'emmène souvent explorer la flore et la faune locales ; sa mère, femme au foyer, insiste quant à elle, sur l'importance de l'éducation et de la persévérance.

Encouragée par ses professeurs et animée par sa curiosité, Stéphanie Kwolek poursuivi des études en chimie à l'Institut de Technologie de Carnegie (aujourd'hui l'Université Carnegie Mellon). En 1946, son diplôme en poche, elle envisage de fréquenter une école de médecine. Mais, des contraintes financières l'obligent à s'orienter vers un emploi au sein la société DuPont. Elle pense ainsi travailler dans l'industrie chimique juste assez longtemps pour économiser et ensuite rejoindre la faculté de médecine.

Le parcours de Stéphanie Kwolek commence donc chez DuPont en 1946 au Laboratoire de Recherche de l'entreprise. Son travail consiste alors à développer des polymères pour diverses applications, y compris les textiles et les fibres synthétiques. Elle fait partie d'une équipe de recherche concentrée sur la création de nouveaux matériaux capables de résister à des conditions extrêmes.

Dans les années 1960, DuPont lance un projet afin de développer des fibres très résistantes pouvant être utilisées dans les pneus. L'objectif est de trouver un matériau capable de remplacer l'acier dans les pneus radiaux, et ainsi améliorer les performances et l'efficacité énergétique. Stéphanie Kwolek se retrouve affectée à ce projet qui allait changer sa vie.

En 1965, elle fait une découverte qui allait révolutionner la science des matériaux en testant une solution polymère unique qui, une fois filée, produisait des fibres d'une résistance et d'une rigidité extraordinaires.

Les fibres produites étaient exceptionnellement solides, surpassant de loin les propriétés de tout matériau synthétique existant. Ce nouveau polymère, nommé plus tard Kevlar, se révèle à poids égal cinq fois plus résistant que l'acier. Sa légèreté, ainsi que sa résistance à la corrosion et à la chaleur en fait un matériau idéal pour une large gamme d'applications.

Cette découverte a d'abord été accueillie avec scepticisme, mais le potentiel du Kevlar est rapidement devenu indéniable. Après tout une batterie de tests confirmant son potentiel, la production débute dans les années 1970.

Ses propriétés uniques ont conduit à son utilisation dans une multitude d'applications ; on connait tous les gilets pare balles mais on retrouve également du Kevlar dans divers équipements sportifs tels que les voiles de bateau, les pneus de vélo ou encore les skis. Il est également présent dans les industries aérospatiale, automobile et l'industrie de la construction où sa résistance et sa légèreté offrent des avantages significatifs.

La contribution de Stephanie Kwolek à la science des matériaux lui a valu de nombreuses distinctions et reconnaissances tout au long de sa carrière. Elle a reçu la médaille Lavoisier pour ses réalisations techniques, devenant ainsi la première femme à recevoir cet honneur. En 1995, elle a été intronisée au National Inventors Hall of Fame, soulignant son impact significatif sur la science et la technologie. Elle reçoit la Médaille Nationale de la Technologie (l'une des plus hautes distinctions décernées aux inventeurs et innovateurs aux États-Unis) en 1996.

Malgré ses réalisations remarquables, Stephanie Kwolek est restée modeste et dédiée à son travail. Elle part en retraite en 1986, mais elle reste active en continuant à inciter les jeunes générations (et en particulier les femmes) à s'orienter vers les domaines des sciences, de la technologie, de l'ingénierie et des mathématiques (STEM). L'héritage de Stephanie Kwolek ne réside pas seulement dans sa découverte, mais aussi dans sa persévérance et son dévouement à la recherche scientifique.

Percy Spencer

Réchauffer son café, préparer un repas sans avoir à le surveiller, voire être alerté quand c'est prêt - l'utilisation du four à micro-ondes est devenue une partie intégrante de notre vie quotidienne. Mais comment cet objet est-il devenu une présence si omniprésente dans nos routines ?

Pour découvrir comment tout a commencé, explorons la vie et les réalisations de Percy Spencer, le brillant ingénieur dont la découverte accidentelle a changé à jamais la manière dont nous cuisinons et chauffons nos aliments.

Né en 1894 aux États-Unis, Percy Spencer ne savait pas que son esprit curieux le conduirait à une révélation culinaire qui aurait un impact sur les foyers du monde entier.

En 1945, pendant la Seconde Guerre mondiale, Spencer travaille en tant qu'ingénieur chez Raytheon Corporation, où il est impliqué dans le développement de la technologie radar. Un jour, alors qu'il se tenait près d'un magnétron - une lampe à vide utilisée dans les systèmes radar - Spencer remarque qu'une barre de chocolat placée dans sa poche avait fondu. Intrigué par cette observation accidentelle, Spencer décide d'approfondir son enquête.

Il mene des expériences avec des grains de maïs soufflé, et à sa grande surprise, ils éclatèrent et se transformèrent en pop-corn dès lors qu'ils furent exposés aux ondes électromagnétiques du magnétron.

Cette découverte fortuite amena Spencer à poursuivre ses expérimentations avec la nourriture et les radiations micro-ondes. Il développa finalement le premier four à micro-ondes, qu'il nomma le "Radarange".

Le Radarange était volumineux, coûteux, et initialement utilisé à des fins commerciales et industrielles. Mais, au fil du temps, les avancées technologiques rendirent les fours à micro-ondes plus petits, plus abordables et adaptés à un usage domestique.

L'introduction du four à micro-ondes révolutionne la manière dont nous cuisinons. Il offre une commodité inédite, permettant de chauffer rapidement et uniformément les aliments. Il est devenu un appareil ménager essentiel dans les foyers du monde entier, simplifiant la préparation des repas et économisant un temps précieux dans nos vies bien remplies.

Au-delà de la cuisine, la technologie micro-ondes a trouvé des applications dans diverses industries, y compris les télécommunications et l'exploration spatiale.

De la technologie radar aux fours à micro-ondes, les contributions de Percy Spencer continuent à toucher notre vie quotidienne, nous rappelant que des inventions remarquables peuvent surgir des endroits les plus inattendus.

Charles Kao

Des téléchargements interminables, une page web mettant plusieurs interminables minutes à s'ouvrir... ceux qui n'ont pas connu les débuts d'Internet et une connexion bas débit ne peuvent pas vraiment s'imaginer la situation. Tout a changé avec Charles Kao, un scientifique visionnaire dont le travail a transformé les communications modernes.

Né en 1933 en Chine, Charles Kao assouvit sa passion pour la physique, en obtenant un diplôme de l'Université de Londres et ensuite un doctorat en génie électrique.

Dans les années 1960, Kao porte s'intéresse à un nouveau domaine : les fibres optiques, de fins filaments de verre ou de plastique capables de transmettre des signaux lumineux sur de longues distances. À l'époque, les fibres optiques souffraient d'une perte de signal élevée due aux impuretés dans le verre, limitant leurs applications pratiques en matière de communication.

Mais, Charles Kao pense que si ces impuretés pouvaient être réduites, les fibres optiques pourraient révolutionner les communications mondiales. Avec une détermination inébranlable, il se lance pour concrétiser sa vision.

En 1966, tout en travaillant aux Standard Telecommunication Laboratories en Angleterre, Kao publie un article de recherche révolutionnaire. Il propose alors que l'utilisation de fibres de verre pur pouvait réduire de manière spectaculaire la perte de signal et permettre la transmission à longue distance de signaux lumineux. Kao a travaillé sans relâche à l'amélioration du processus de fabrication, expérimentant divers matériaux et techniques pour créer des fibres optiques d'un niveau de pureté sans précédent.

Grâce à une expérimentation et une innovation méticuleuses, Kao a réussi à réduire de manière significative la perte de signal dans les fibres optiques. Son travail a jeté les bases de la fibre optique moderne, lui valant le surnom de "Père de la fibre optique". Ses recherches ont permis une nouvelle ère des communications, où l'information pouvait être transmise à la vitesse de la lumière.

L'avènement de la fibre optique a révolutionné les télécommunications, permettant des connexions Internet à très haut débit, des appels téléphoniques longue distance et le vaste réseau d'informations sur lequel nous comptons aujourd'hui. Les efforts constants de Kao ont non seulement transformé les communications, mais ont également catalysé un changement mondial dans la manière dont nous nous connectons et partageons des informations.

En reconnaissance de ses contributions, Charles Kao a reçu le prix Nobel de physique en 2009, témoignage de l'impact profond de son travail sur le monde de la science et de la technologie.

Au-delà de son travail dans les fibres optiques, Kao était également un défenseur de la science et de l'éducation. Il s'est consacré à la promotion de la recherche scientifique et à l'encouragement des générations futures de scientifiques, comprenant l'importance d'inspirer la prochaine vague d'innovateurs.

Son histoire nous rappelle qu'une seule personne, par sa dévotion et sa créativité, peut remodeler le paysage technologique dans ses fondements, nous propulsant vers de nouveaux horizons de possibilités et de connectivité.

Karl Drais

Dans ce chapitre, embarquons pour un voyage à deux roues et plongeons dans le monde captivant des bicyclettes, une activité quotidienne pour beaucoup et, dans certaines nations, le mode de transport prédominant. Surgissant de modestes origines en tant que moyen pragmatique de parcourir des distances, la bicyclette a connu une transformation en devenant un symbole de liberté, de bien-être et de mobilité.

Pédalons pour dévoiler l'extraordinaire odyssée de la bicyclette, un témoignage de l'ingéniosité.

Alors que nous nous lançons dans cette aventure, notre voyage à travers le temps nous présente la vie et l'héritage de Karl Drais, l'esprit brillant responsable d'un bouleversement dans le domaine des transports. Né à Karlsruhe, en Allemagne, en 1785, Karl Drais était un visionnaire en avance sur son temps. Animé par une passion intense pour la mécanique et l'ingénierie, il nourrissait une curiosité insatiable et une détermination inébranlable à relever des défis.

En 1817, Drais dévoila son invention, la "Draisine", connue sous le nom de "Laufmaschine" en allemand, une machine à deux roues propulsées par les pieds. Cette première version de la bicyclette, dépourvue de pédales, marqua un changement de paradigme dans le domaine du transport personnel. Elle offrait un mode de mobilité plus rapide et plus efficace, particulièrement adapté aux environnements urbains.

La Draisine, dotée d'un cadre en bois, de deux roues, d'un mécanisme de direction et d'une selle pour la propulsion assise, créa la sensation et gagna rapidement en popularité en Europe et au-delà. Les gens adoptèrent avec enthousiasme ce mode de déplacement novateur et pratique.

Au fil du temps, la Draisine subit des améliorations, notamment l'ajout de pédales, d'engrenages et de chaînes, aboutissant aux bicyclettes que nous utilisons aujourd'hui. La création ingénieuse de Karl Drais a non seulement révolutionné les déplacements personnels, mais a également eu des implications profondes pour l'urbanisme, modifiant fondamentalement la manière dont les individus se déplacent en ville.

Karl Drais n'a pas reçu la reconnaissance qu'il méritait de son vivant. Ce n'est que plus tard, que ses contributions pionnières dans le domaine des transports ont été reconnues.

L'élan du développement de la bicyclette s'est poursuivi au-delà des frontières de l'Allemagne, notamment en France, où le cyclisme est devenu un phénomène culturel. La fin du XIXe siècle a vu l'émergence de clubs de cyclisme, de courses et une passion croissante pour cette nouvelle forme de loisir. L'apogée de la tradition cycliste en France est sans aucun doute le célèbre Tour de France, organisé pour la première fois en 1903. Cette course épique, s'étendant sur trois semaines et parcourant des milliers de kilomètres, a captivé (et captive toujours) l'imagination du monde et solidifie la place de la bicyclette dans l'histoire.

La prochaine fois que vous pédalerez dans les rues ou que vous savourerez une balade paisible à la campagne en admirant les paysages, prenez un moment pour penser à Karl Drais, l'inventeur visionnaire qui a mis en mouvement les rouages du progrès.

Conrad Röntgen

Maintenant, lançons nous-vous dans une exploration dans le domaine des rayons X, ces rayons énigmatiques dotés d'une étonnante aptitude à révéler l'invisible. Ces rayons ont à jamais modifié notre perception des intrications cachées qui nous entourent. Joignez-vous à nous pour un voyage à travers le temps et les merveilles de la découverte scientifique alors que nous dévoilons les origines, les innovations et l'impact profond des rayons X, un phénomène extraordinaire qui a éclairé d'innombrables mystères et remodelé notre compréhension de l'univers.

Notre projecteur se tourne maintenant vers la vie et l'héritage durable de Wilhelm Conrad Röntgen, physicien allemand visionnaire qui a façonné de manière indélébile la trajectoire de la science.

Né en Allemagne en 1845, Röntgen s'est toujours montré intéressé par les sciences. Sa passion pour la physique l'a propulsé au premier plan, le menant à un moment décisif en 1895 qui allait à jamais modifier le paysage scientifique.

Au cours de ses recherches sur les rayons cathodiques, une forme de radiation générée par le passage d'un courant électrique dans un tube sous vide, Röntgen fait une découverte extraordinaire. Au cours de ses expériences, il rencontre une forme de radiation énigmatique et jusqu'alors invisible. Animé par une curiosité sans bornes et caractérisé par une enquête méticuleuse, Röntgen approfondit ses découvertes. Il comprend bientôt que cette nouvelle forme de radiation possédait la capacité surprenante de pénétrer certains objets solides comme la chair humaine.

Cette détermination aboutit à une percée historique le 8 novembre 1895, lorsqu'il produit la toute première image à rayons X du monde, une radiographie capturant la structure interne complexe de la main de sa femme, os et bague inclus.

Cette image aux rayons X a marqué d'une pierre blanche le début d'une nouvelle ère en médecine et en imagerie, offrant une fenêtre non invasive sur le corps humain. De l'identification des fractures et des tumeurs à la découverte de diverses affections médicales, les rayons X sont rapidement devenus un atout indispensable dans le domaine des soins de santé.

En reconnaissance de son accomplissement monumental, Röntgen s'est vu décerner le tout premier prix Nobel de physique en 1901. L'adoption des rayons X s'est répandue comme une traînée de poudre, entraînant des changements dans le domaine de la médecine, de l'industrie et de la recherche scientifique.

Les contributions de Röntgen s'étendaient cependant bien au-delà du domaine des rayons X. Son travail en cristallographie et en spectroscopie a jeté les bases dans la compréhension des structures atomiques et moléculaires. Cependant, c'est l'impact durable de sa découverte qui résonne le plus profondément. La technologie des rayons X demeure un pilier irremplaçable de la médecine moderne, permettant l'identification précoce et le traitement d'un large éventail de conditions médicales.

Evangelista Torricelli

La pression trouve diverses applications, des météorologistes évaluant la pression atmosphérique aux professionnels de l'aviation assurant des vols en toute sécurité, en passant par les industriels qui en font un paramètre fondamental dans divers processus de fabrication. Même lorsque vous vous adonnez à des activités comme la plongée sous-marine pendant vos vacances, ce paramètre reste une considération cruciale.

A présent, entrons dans le domaine du brillant physicien et mathématicien italien, Evangelista Torricelli.

Né en 1608 en Italie, il est ce que l'on appellerait aujourd'hui un enfant précoce. Il s'est plongé dans l'étude des mathématiques et des sciences, devenant au final disciple du légendaire Galilée.

Animé d'une curiosité insatiable et une soif de connaissance sans limite, Torricelli a exploré de multiples domaines scientifiques. Bien qu'il ait apporté d'importantes contributions aux mathématiques, à l'hydraulique et à l'optique, c'est son travail en dynamique des fluides qui laisserait une empreinte indélébile sur le paysage scientifique.

En 1643, Torricelli a réalisé une expérience qui a révolutionné notre compréhension de la pression atmosphérique.

Inspiré par les recherches de Galilée sur la pression de l'air, Torricelli s'est interrogé sur la manière dont le poids de l'air influençait le monde qui nous entoure. Pour répondre à cette question, il a conçu une expérience pour prouver son hypothèse concernant le poids tangible de l'air.

Torricelli a pris un long tube en verre, a scellé une extrémité et l'a rempli de mercure. Il a ensuite inversé le tube dans une cuvette de mercure, permettant à celui-ci de s'écouler lentement jusqu'à ce qu'il atteigne une hauteur stable.

Ce que Torricelli a observé était étonnant : la hauteur de la colonne de mercure dans le tube restait constamment d'environ 760 millimètres. Cette hauteur, aujourd'hui connue sous le nom de "vide torricellien", détenait la clé pour résoudre le mystère de la pression atmosphérique.

Torricelli en a déduit que l'espace au-dessus du mercure dans le tube était dépourvu d'air, créant un vide. Le poids de l'air qui appuyait sur le mercure dans la cuvette contrecarrait la force ascendante du mercure dans le tube, résultant en l'équilibre de la colonne.

Cette expérience cruciale a fourni une preuve empirique que l'air possède un poids et exerce une pression sur son environnement.

L'innovation de Torricelli a conduit à l'invention du baromètre, un instrument essentiel pour mesurer la pression atmosphérique. Cette percée a non seulement transformé la prévision météorologique, mais a également jeté les bases des études météorologiques.

De plus, les contributions de Torricelli à la physique et à la dynamique des fluides ont ouvert la voie au développement du calcul et à l'étude du mouvement, influençant des luminaires futurs comme Sir Isaac Newton.

Malheureusement, la brillante carrière de Torricelli a été tragiquement interrompue lorsqu'il est décédé en octobre 1647, à l'âge de 39 ans.

László Bíró

Si vous interrogez les gens sur les inventions qui ont réellement transformé leurs vies, probablement que le stylo à bille ne sera pas parmi les réponses les plus fréquemment mentionnées.

Explorons l'histoire des instruments d'écriture en plongeant dans l'esprit créatif d'un journaliste axé sur la résolution pratique de problèmes.

Notre voyage commence à la fin du XIXe siècle, lorsque Lewis Waterman redéfinit l'écriture avec sa conception raffinée de stylo à plume. Cette invention ingénieuse a résolu des problèmes tels que les fuites d'encre et les débits irréguliers, préparant le terrain pour une nouvelle ère d'outils d'écriture.

Au début du XXe siècle, , malgré qu'ils soient salissants et qu'ils aient fréquemment besoin de recharge, les stylos à plume étaient des instruments d'écriture de choix.

C'est là qu'un journaliste hongro-argentin du nom de László Bíró a vu une opportunité d'amélioration. Frustré par les bavures et le besoin constant de recharge associés aux stylos à plume, Bíró a introduit le stylo à bille en 1938. Cette création utilisait une petite bille rotative pour répartir uniformément l'encre sur le papier, provoquant un changement dans l'expérience d'écriture.

Les avantages du stylo à bille furent immédiatement évidents. Il a empêché les bavures, pour le plus grand bonheur des gens signant des documents importants ainsi que les gauchers. Il était polyvalent, écrivant facilement sur diverses surfaces, du papier au tissu, ouvrant ainsi un vaste potentiel créatif. Il nécessitait moins de recharges, en faisant un choix pragmatique pour les personnes en déplacement.

Cependant, l'impact du stylo à bille s'étendait au-delà de la commodité d'écriture. Pendant la Seconde Guerre mondiale, sa fiabilité a trouvé une nouvelle utilité dans l'aviation. Les pilotes ont adopté les stylos à bille comme compagnons fiables à haute altitude, là où les stylos à plume traditionnels étaient inopérants dus à la pression atmosphérique. Reconnaissant la capacité du stylo Bíró à écrire sans faille à ces altitudes, la Royal Air Force britannique l'a officiellement intégré dans ses avions.

Mais l'odyssée du stylo à bille ne s'est pas arrêtée là. Dans les années 1960, la NASA a exploité ses capacités pour les missions spatiales. Le stylo à bille est devenu indispensable en micropesanteur, surpassant les stylos à plume qui dépendaient de la gravité pour l'écoulement de l'encre. Ce stylo emblématique a accompli ce qu'aucun autre stylo n'aurait pu faire - s'aventurer dans l'espace.

Après la guerre, la popularité du stylo à bille s'est étendue dans le monde entier, transformant fondamentalement les pratiques d'écriture et de communication. L'innovation de Bíró a marqué un moment décisif dans l'évolution des instruments d'écriture, conduisant au déclin progressif des stylos à plume traditionnels.

Le succès du stylo à bille a ouvert la voie à d'autres percées technologiques en matière d'écriture, notamment les stylos à encre gel et à bille.

Aujourd'hui, l'ubiquité du stylo à bille parle d'elle-même. Avec plus de 100 milliards de ventes dans le monde entier, il est devenu une partie intégrante de la vie moderne. Dans les salles de classe, les bureaux ou même dans les foyers et au-delà, il témoigne de l'impact profond que l'innovation peut avoir sur notre existence quotidienne.

Hedy Lamarr

Lorsqu'on évoque le Wi-Fi, l'image d'une actrice hollywoodienne des années 1940 ne vient pas immédiatement à l'esprit. Pourtant, Hedy Lamarr, célèbre pour sa beauté et son talent, a également joué un rôle crucial dans le développement des technologies qui ont conduit à cette invention.

Hedy Lamarr, née Hedwig Eva Maria Kiesler en 1914 à Vienne, en Autriche, est issue d'une famille aisée qui valorisait l'éducation (elle apprend notamment plusieurs langues). Son père lui transmet son intérêt pour la technologie et les sciences. Malgré différentes aptitudes, c'est sa beauté qui lui ouvre les portes du cinéma.

En 1933, elle tourne dans "Extase", un film controversé qui la propulse sur le devant de la scène internationale. Mais, derrière cette image glamour, se cache une femme d'une intelligence remarquable et d'une curiosité insatiable.

Elle rejoint ensuite Hollywood en 1937 où elle connaît un immense succès.

Néanmoins, sa passion pour l'ingénierie ne s'estompe pas.

Pendant la Seconde Guerre mondiale, Hedy Lamarr est profondément affectée par le conflit et désire contribuer à l'effort de guerre des Alliés. C'est alors qu'elle se lie d'amitié avec le compositeur George Antheil. Ensemble, ils explorent l'idée d'utiliser les principes de la musique pour résoudre un problème technique critique : comment empêcher les torpilles radiocommandées d'être détectées et brouillées par l'ennemi.

En 1942, Hedy Lamarr et George Antheil brevètent une invention révolutionnaire : un système de communication par étalement de spectre utilisant des sauts de fréquence. Leur idée repose sur un piano mécanique qui synchronise les changements de fréquence entre l'émetteur et le récepteur, rendant les communications indétectables et impossibles à brouiller par l'ennemi.

L'armée américaine ne voit pas immédiatement l'application pratique de cette technologie. Ce n'est que des décennies plus tard, avec l'avènement de l'électronique moderne, que les principes sous-jacents de leur invention sont pleinement exploités.

La technologie inventée par Hedy Lamarr et Georges Antheil, bien que conçue à des fins militaires, constitue la base des technologies de communication sans fil modernes. Les principes de l'étalement de spectre et des sauts de fréquence sont essentiels dans le développement des systèmes de communication sécurisés, tels que le Wi-Fi, le Bluetooth et le GPS.

Dans les années 1980, alors que les appareils électroniques deviennent de plus en plus sophistiqués, ces concepts trouvent des applications commerciales. Le Wi-Fi, en particulier, repose sur la capacité de transmettre des données sur plusieurs fréquences, minimisant les interférences et maximisant la sécurité des transmissions.

Il faudra attendre de nombreuses années pour qu'Hedy Lamarr reçoive la reconnaissance qu'elle mérite pour sa contribution à la technologie moderne. En 1997, elle est honorée par l'Electronic Frontier Foundation pour ses réalisations en ingénierie. Son brevet est enfin reconnu comme une avancée fondamentale dans le domaine des communications sans fil.

Sa vision et son ingéniosité continuent d'influencer notre monde connecté. Aujourd'hui, alors que des milliards de dispositifs utilisent le Wi-Fi, il est crucial de se rappeler que cette technologie doit une partie de son existence à une actrice hollywoodienne dont l'esprit était aussi brillant que son apparence physique.

Carl von Linde

Pendant des siècles, le défi de préserver la nourriture sur de longues périodes a tourmenté l'humanité. Partons maintenant pour un voyage dans le monde de la commodité et de la conservation des aliments alors que nous dévoilons l'évolution du réfrigérateur. D'une humble boîte de merveilles réfrigérées à une merveille sophistiquée de la technologie moderne, le réfrigérateur a fondamentalement changé la manière dont nous stockons et savourons nos repas.

Bienvenue dans une plongée éclairante dans l'histoire captivante du réfrigérateur et son rôle central dans notre vie quotidienne. Remontons le temps pour découvrir la vie et les contributions de Carl von Linde, l'ingénieur visionnaire qui a remodelé le monde de la réfrigération.

Né en 1842 en Allemagne, Carl von Linde possédait un esprit d'ingénieur aigu et une curiosité insatiable pour résoudre les mystères de la thermodynamique.

À la fin du XIXe siècle, Linde s'est lancé dans une mission visant à résoudre un défi omniprésent affectant la vie quotidienne des gens et des industries - la préservation des produits périssables et la création de refroidissement artificiel. S'inspirant des travaux d'autres scientifiques, Linde s'est plongé dans l'étude des gaz et des principes de la thermodynamique.

En 1876, après des années de recherche, Linde dépose un brevet pour la première machine de réfrigération pratique et fonctionnelle. Son invention reposait sur le concept ingénieux de liquéfaction et d'évaporation des gaz pour générer des températures froides, jetant ainsi les bases de la réfrigération moderne.

La machine de réfrigération de Linde a non seulement transformé la préservation des aliments, mais elle a également déclenché une révolution dans l'industrie alimentaire, contribuant à l'amélioration de la santé publique. Au-delà de son impact sur la fraîcheur des aliments, l'innovation de Linde s'est étendue à diverses applications industrielles, notamment la production de gaz liquéfiés et la création de la première usine de séparation de gaz.

Son travail a préparé le terrain pour des avancées dans la liquéfaction de gaz essentiels tels que l'oxygène et l'azote, qui ont ensuite joué des rôles cruciaux dans les domaines médicaux et scientifiques. L'influence de Linde s'est étendue bien au-delà, car sa technologie de réfrigération a pénétré diverses industries, contribuant de manière significative à la croissance économique.

Tout au long de sa brillante carrière, Carl von Linde a reçu de nombreuses récompenses et distinctions, en reconnaissance de ses contributions exceptionnelles aux domaines de la science et de l'ingénierie.

Aujourd'hui, les principes de thermodynamique et de réfrigération que Linde a initiés continuent de façonner notre monde moderne, que ce soit pour refroidir les maisons avec la climatisation ou pour assurer le transport et le stockage de marchandises sensibles à la température.

Sabeer Bhatia

Dès le début d'internet, tout le monde a réalisé qu'une révolution était en marche. Au milieu de la montée rapide de la technologie, un nom est apparu qui allait à jamais changer notre façon de communiquer - Hotmail. Lancé en 1996, ce service de messagerie a marqué l'aube d'une nouvelle ère de la messagerie en ligne, connectant de manière transparente des personnes du monde entier. Alors, voyageons dans les origines, les innovations et l'impact durable de Hotmail, un pionnier qui a jeté les bases du paysage contemporain de la communication numérique.

Tout d'abord intéressons-nous à la vie et à l'héritage de Sabeer Bhatia, l'entrepreneur visionnaire qui a transformé le paysage de la communication.

Né en 1968 à Chandigarh, en Inde, Bhatia a manifesté une profonde fascination pour la technologie dès son plus jeune âge. Diplômé en génie électrique, il entreprend un voyage aux États-Unis à la poursuite ses rêves.

En 1996, Sabeer Bhatia co-fonde une entreprise qui allait remodeler le domaine de la communication électronique - Hotmail, le tout premier service de messagerie électronique au monde. À une époque où les services de messagerie électronique traditionnels étaient confinés aux applications de bureau, Hotmail a été le précurseur de la notion d'accès aux e-mails à partir de n'importe quel appareil connecté à Internet, révolutionnant la communication et l'accessibilité.

L'approche révolutionnaire de Hotmail en matière de messagerie a rapidement séduit un public mondial, attirant des millions d'utilisateurs. En 1997, seulement un an après sa création, Microsoft a reconnu l'immense potentiel de Hotmail et a acquis l'entreprise pour la somme impressionnante de 400 millions de dollars.

Le leadership visionnaire et l'esprit innovant de Sabeer Bhatia ont ouvert la voie à une nouvelle ère de communication électronique. L'interface utilisateur intuitive et les fonctionnalités révolutionnaires de Hotmail ont préparé le terrain pour l'évolution rapide des services Web. Au-delà de Hotmail, Bhatia s'est lancé dans une carrière d'entrepreneur en série, cofondant et investissant dans diverses entreprises technologiques qui ont repoussé les limites de l'innovation.

Les contributions de Bhatia se sont étendues au-delà du domaine technologique. Il est devenu un champion mondial de l'entrepreneuriat et un fervent défenseur de la philanthropie. Ses réalisations lui ont valu de nombreuses distinctions.

Aujourd'hui, Hotmail s'est métamorphosé en Outlook.com, mais son essence d'accessibilité et de connectivité perdure, influençant notre façon de communiquer et de nouer des liens à l'ère numérique.

Karl Landsteiner

De nos jours la transfusion sanguine est devenue une procédure médicale de routine qui a sauvé d'innombrables vies. Karl Landsteiner fut un scientifique visionnaire dont le travail novateur a révolutionné le domaine de la médecine.

Né à Vienne, en Autriche, en 1868.Il s'intéresse à la science, et possède une curiosité insatiable pour résoudre les énigmes. Il va poursuivre des études de médecine à l'Université de Vienne, une décision cruciale qui posera les bases de ses percées révolutionnaires.

C'est au cours de son séjour à l'Université de Vienne que Landsteiner s'est lancé dans une série d'expériences qui ont remodelé le cours de l'histoire médicale.

En 1900, il a réalisé une avancée majeure en identifiant des groupes sanguins distincts, qu'il a catégorisés en A, B, AB et O. Cette révélation a ouvert la voie à une compréhension plus profonde de la compatibilité sanguine et des protocoles de transfusion, aboutissant au sauvetage de nombreuses vies et à une profonde métamorphose des pratiques médicales.

Au milieu du XXe siècle, il atteint un autre jalon : la découverte du facteur Rh, une protéine présente à la surface des globules rouges. Cette découverte va avoir des implications importantes pour les transfusions sanguines et la grossesse, élucidant les réactions autrefois déconcertantes lors des transfusions de sang et offrant des aperçus cruciaux sur la maladie hémolytique du nouveau-né.

Les contributions de Karl Landsteiner ont résonné comme rien de moins que révolutionnaires. Sa classification des groupes sanguins et l'identification du facteur Rh ont posé les bases d'une mise en œuvre sûre et efficace des transfusions sanguines, des transplantations d'organes, voire de la science médico-légale. Son travail est devenu le socle de l'immunologie moderne, aboutissant à la création de banques de sang qui ont profondément remodelé les soins de santé, sauvant finalement d'innombrables vies.

Zhang Heng

Lorsque l'on évoque le terme "sismoscope" - un dispositif utilisé pour enregistrer les séismes - on pourrait immédiatement imaginer un appareil complexe bourré d'électronique.

Son inventeur, Zhang Heng, un brillant érudit chinois a créé une merveille de simplicité capable de détecter l'une des forces les plus redoutables de la nature - les séismes.

Lors de ce voyage historique, nous allons découvrir les mécanismes captivants et la signification du sismoscope - un témoignage de l'ingéniosité humaine dans la compréhension des mystérieuses secousses de la Terre.

Né à Nanyang, en Chine, en 78 après J.-C., Zhang Heng était un érudit aux intérêts diversifiés, allant de l'astronomie aux mathématiques, en passant par l'ingénierie et bien plus encore.

Parmi ses inventions notables, le "sismoscope" occupe une place centrale. Cet appareil était constitué d'un grand récipient en bronze orné de huit têtes de dragon, chacune tenant une petite boule dans ses mâchoires. Sous les dragons se trouvaient huit grenouilles à la bouche ouverte, prêtes à attraper les boules relâchées. Lorsqu'un séisme se produisait, le mouvement du sol incitait un dragon à lâcher sa boule, qui était ensuite attrapée par la grenouille correspondante, indiquant ainsi la direction du séisme.

Le sismoscope de Zhang Heng était une merveille de son époque, révélant sa profonde compréhension des principes mécaniques. Ses contributions s'étendaient également à l'astronomie, avec la création d'une sphère armillaire - un instrument céleste utilisé pour observer les positions des objets célestes dans le ciel. La sphère armillaire de Zhang Heng était d'une précision remarquable, permettant aux astronomes de réaliser des calculs précis concernant les mouvements célestes, y compris la position des étoiles et des planètes.

Au-delà de ses inventions, Zhang Heng était un écrivain prolifique, produisant des œuvres sur les mathématiques, l'astronomie, la littérature, et même un traité historique. Il s'est intéressé à divers aspects de l'ingénierie hydraulique, construisant même un grand cadran solaire à eau, appelé la "clepsydre," qui mesurait le temps à l'aide de l'écoulement de l'eau.

L'héritage de Zhang Heng englobait bien plus que la science et la technologie. Il a également joué un rôle crucial en tant que personnage politique, contribuant à la gouvernance et à l'administration de l'empire.

Malheureusement, de nombreuses œuvres et inventions originales de Zhang Heng ont été perdues au fil du temps, et une grande partie de ce que nous savons aujourd'hui provient de registres historiques.

Des sismoscopes aux cadrans solaires à eau, les contributions visionnaires de Zhang Heng ont laissé une empreinte indélébile dans les annales de l'histoire.

Nikola Tesla

Le courant alternatif est généralement le type d'électricité utilisé dans les foyers pour l'éclairage, le chauffage, la cuisine et bien plus encore. Il est également couramment employé pour la transmission et la distribution de l'énergie, alimentant le monde moderne qui nous entoure.

Dans ce chapitre, nous plongeons dans la vie et verrons les contributions de l'un des esprits les plus énigmatiques et les plus brillants de l'histoire de la science - Nikola Tesla.

Nikola Tesla est né le 10 juillet 1856 à Smiljan, une ville qui faisait alors partie de l'Empire autrichien et est aujourd'hui une partie de la Croatie moderne.

Son travail dans le domaine de l'ingénierie électrique allait transformer à jamais notre compréhension et notre utilisation de l'électricité. Au cœur des innovations de Tesla se trouve le développement du courant alternatif (CA), pour la transmission de l'énergie.

À une époque dominée par le courant continu de Thomas Edison, le système CA de Tesla a révolutionné la distribution de l'électricité. Il a permis de transmettre l'énergie sur de plus longues distances avec beaucoup moins de pertes. Cette avancée est la base de notre réseau électrique moderne qui alimente nos foyers, nos industries et nos villes.

Les contributions de Tesla allaient bien au-delà du courant alternatif. Il a introduit une multitude de dispositifs et de technologies qui ont façonné le XXe siècle. Parmi ses inventions emblématiques se trouve la bobine de Tesla, un circuit de transformateur résonant capable de produire de l'électricité en courant alternatif à haute tension, faible courant et haute fréquence.

La bobine de Tesla a trouvé des applications dans la transmission d'énergie sans fil et la communication radio alors naissante.

Les idées visionnaires de Tesla touchaient également les domaines de la communication sans fil et de la télécommande. Il a conçu l'idée d'un "système sans fil mondial", imaginant un réseau capable de transmettre à la fois des informations et de l'énergie sans fil sur de vastes distances. Bien que cette vision de la transmission d'énergie sans fil n'ait pas été pleinement réalisée, elle a été fondatrice de futures avancées dans les technologies de communication.

L'impact de Tesla ne se limitait pas à l'électricité et à la communication. Il a accompli des avancées significatives dans les domaines de la robotique et de l'automatisation, présentant un bateau télécommandé lors d'une exposition au Madison Square Garden de New York en 1898. Cette démonstration de la télécommande préfigurait le développement des systèmes de robotique et d'automatisation modernes.

Malgré son génie indéniable, Tesla a dû faire face à de nombreux défis et revers tout au long de sa vie. Des difficultés financières et des différends avec d'autres inventeurs ont parfois jeté une ombre sur ses réalisations. Cependant, son dévouement inébranlable au progrès scientifique et technologique n'a jamais vacillé.

L'esprit imaginatif de Tesla l'a souvent conduit à explorer des idées non conventionnelles bien en avance sur son temps. Il prétendait avoir inventé un "rayon de la mort", un dispositif capable d'émettre des faisceaux d'énergie concentrée à des fins défensives. Bien que certaines de ces idées demeurent entourées de mystère et de controverse, elles illustrent l'esprit innovant de Tesla et sa volonté de repousser les limites du possible.

Dans ses dernières années, les difficultés financières de Tesla se sont intensifiées, et il a passé ses derniers jours, abandonné de tous, décédant le 7 janvier 1943 à New York.

Ignaz Semmelweis

Se laver les mains pour les rendre plus propres... un geste en apparence banal que chaque mère enseigne à son enfant. Cependant, même si cela nous semble évident aujourd'hui, cela n'a pas toujours été le cas. Découvrons la vie et l'héritage d'Ignaz Semmelweis, un médecin visionnaire dont les travaux sur le lavage des mains ont eu un impact non négligeable dans le domaine de la médecine.

Au milieu du XIXe siècle, l'Hôpital Général de Vienne en Autriche était confronté à un problème déconcertant : un taux de mortalité élevé parmi les jeunes mères dans les services de maternité.

Ignaz Semmelweis, un jeune médecin hongrois, était déterminé à élucider le mystère derrière cette situation tragique.

En 1847, après une observation attentive et une analyse approfondie, Semmelweis fit une découverte qui allait changer la médecine à jamais. Il constate que les taux de mortalité étaient nettement plus élevés dans la maternité où les médecins et les étudiants en médecine s'occupaient des accouchements après avoir pratiqué des autopsies.

Cette observation conduisit Semmelweis à émettre l'hypothèse qu'un facteur invisible, peut-être un agent contagieux, était transmis des cadavres aux mères pendant l'accouchement.

Dans une initiative audacieuse et révolutionnaire, Semmelweis mit en place une solution simple mais puissante : le lavage des mains.

Il exigea que les médecins et les étudiants en médecine se lavent soigneusement les mains avec une solution de chlore avant de s'occuper des accouchements. Le résultat fut stupéfiant. Le taux de mortalité dans le service de maternité chuta de manière spectaculaire, sauvant d'innombrables vies.

Mais, les idées de Semmelweis se heurtèrent à la résistance de la communauté médicale de l'époque. Malgré les preuves étayant sa pratique de lavage des mains, de nombreux médecins étaient réticents à accepter l'idée qu'ils pouvaient Involontairement propager des agents nocifs.

Le travail de Semmelweis ne fut pas pleinement apprécié de son vivant, et il fit face à des difficultés personnelles et professionnelles.

Ce n'est qu'après sa mort que ses contributions à la médecine furent reconnues et que sa pratique de lavage des mains fut largement adoptée.

Aujourd'hui, Ignaz Semmelweis est considéré comme le "père du contrôle des infections", et sa découverte de l'importance de l'hygiène des mains a sauvé d'innombrables vies et est devenue un pilier des soins de santé modernes.

Su Song

Se référer à un calendrier, comprendre la position des étoiles, contrôler le niveau d'eau d'un canal, guérir par les plantes, ou même apprécier un feu d'artifice... rien d'extraordinaire de nos jours, et ça ne l'était pas non plus dans le passé. En fait, tout cela est connu depuis plusieurs siècles.

Voyageons dans le temps pour explorer les réalisations scientifiques de la dynastie des Song.

Cette dynastie, qui s'est étendue en Chine de 960 à 1279 après J.-C., a été une période de grandes avancées culturelles et technologiques.

L'une des contributions scientifiques les plus remarquables a eu lieu dans le domaine de l'astronomie. À cette époque, les astronomes chinois ont réalisé d'importantes avancées dans l'observation des cieux et dans l'élaboration de calendriers précis.

Les astronomes des Song ont amélioré les dispositifs astronomiques précédents et ont introduit de nouveaux outils tels que la sphère armillaire et les globes célestes pour cartographier le mouvement des étoiles et des planètes.

Leurs observations méticuleuses ont conduit à la création de calendriers très précis, dont le célèbre "Calendrier Shoushi," qui était essentiel pour planifier les activités agricoles.

De plus, les scientifiques de la dynastie des Song ont réalisé des progrès notables en médecine. Le "Taiping Sheng Hui Fang," un texte médical complet compilé pendant la dynastie des Song, contenait une vaste gamme de connaissances médicinales, comme par exemple des traitements pour diverses maladies.

Les médecins des Song ont exploré l'acupuncture, des remèdes à base de plantes, et le diagnostic par le pouls, posant ainsi les bases de la médecine traditionnelle chinoise, qui est encore pratiquée aujourd'hui.

Les innovations de cette dynastie se sont également étendues à l'ingénierie et à la technologie. Ils ont développé des horloges à eau, des systèmes d'irrigation avancés et introduit de nouvelles techniques agricoles qui ont considérablement augmenté les rendements des cultures.

Mais l'une des inventions les plus captivantes de la dynastie des Song a été le développement de la poudre à canon, connue sous le nom de "huoyao."Initialement utilisée à des fins médicinales et pour les feux d'artifice, la poudre à canon a ensuite révolutionné la guerre, conduisant à l'invention des premières armes à feu.

Les connaissances et les innovations de la dynastie des Song ont été diffusées le long de l'ancienne Route de la Soie, reliant les cultures et les civilisations à travers l'Asie et le Moyen-Orient.Malgré les réalisations remarquables de la dynastie des Song, une grande partie de leurs connaissances scientifiques demeure relativement méconnue du grand public.

Louis Vicat

Qui serait aujourd'hui disposé à construire un bâtiment dépourvu de haute résistance, de stabilité, nécessitant un entretien important et ayant un calendrier de construction mesuré en années, voire en décennies ?

L'histoire de la construction est un voyage marqué par l'évolution des matériaux et des techniques.

Parmi les avancées majeures qui ont façonné notre approche de la construction, le ciment se distingue particulièrement. En regardant en arrière, il devient évident que les méthodes de construction antérieures étaient souvent entravées par des limitations devenues obsolètes grâce au ciment moderne.

Évoluant à partir d'une simple combinaison de calcaire et d'argile, le ciment est devenu un matériau puissant et polyvalent qui a redéfini les normes de construction. Ses mérites sont nombreux : une résistance inégalée face aux ravages du temps, une endurance aux intempéries, des processus de construction rapides qui ont comprimé les délais, et une résistance au feu renforçant la sécurité.

Comparé aux méthodes d'antan, le ciment s'est fermement établi comme la pierre angulaire de la construction contemporaine, fournissant une base solide sur laquelle les structures sont érigées.

Voyageons maintenant dans la vie et les réalisations de Louis Vicat, un ingénieur visionnaire dont les efforts pionniers dans le domaine du ciment ont jeté les bases des matériaux de construction modernes.

Né en 1786 en France, Louis Vicat entreprend des études scientifiques et se spécialise dans la science des matériaux. Au début du XIXe siècle, les matériaux de construction reposaient principalement sur des méthodes traditionnelles, souvent centrées sur des composants naturels tels que la chaux et l'argile. Pourtant, Louis Vicat était déterminé à innover dans le domaine des matériaux de construction.

Dès l'âge de 16 ans, il s'est lancé dans une odyssée scientifique, résolu dans sa quête pour déchiffrer l'énigme du ciment hydraulique. En 1817, après des années d'expérimentation assidue, Vicat a réalisé une avancée révolutionnaire. Il a découvert qu'en soumettant un mélange de calcaire et d'argile à des températures élevées, un matériau novateur apparaissait - le ciment artificiel hydraulique.

Ce ciment innovant présente une résistance et une durabilité exceptionnelles par rapport aux matériaux conventionnels, ce qui en faisait un choix idéal pour toute une gamme de projets de construction.

L'invention de Vicat est devenue un moment charnière dans le domaine de la construction, fournissant aux constructeurs un matériau fiable et uniforme, capable de résister à l'épreuve du temps. Son ciment a trouvé des applications dans les ponts, les canaux et les bâtiments, laissant une trace qui a dépassé les frontières de la France pour révolutionner les pratiques mondiales de construction. En 1847, les contributions de Vicat ont été officiellement reconnues avec son intronisation comme membre de l'Académie des sciences.

Des gratte-ciels imposants aux infrastructures résistantes, l'invention de Vicat continue de jouer un rôle indispensable dans la construction du monde contemporain.

Christian Huygens

Lire l'heure est devenu une tache instinctive - un coup d'œil rapide à notre montre ou à notre smartphone nous fournit sans effort cette information essentielle. Mais, en nous replongeant dans le passé, nous découvrons que cette tâche en apparence simple était loin d'être facile.

Dans le paysage éducatif actuel, les étudiants sont exposés à une richesse de connaissances, des détails complexes des planètes de notre système solaire aux vastes étendues impressionnantes de l'espace lui-même. Mais alors que nous nous immergeons dans ces sujets aujourd'hui, prenons un moment pour réfléchir à l'état des connaissances d'il y a trois cents ans.

Notre voyage à travers le temps nous conduit maintenant à Christian Huygens, un physicien, astronome et mathématicien qui a laissé son empreinte sur le paysage scientifique du XVIIe siècle.

Né à La Haye, aux Pays-Bas, en 1629, Christian Huygens a grandi dans une atmosphère de curiosité scientifique. Dans sa jeunesse, il fait preuve d'une soif insatiable de connaissance et d'une détermination à dévoiler les mystères de l'univers.

Alors qu'Huygens a apporté des contributions durables dans un éventail de domaines scientifiques, son travail novateur en optique et en astronomie témoigne de sa brillance. En 1678, il a dévoilé son chef-d'œuvre "Traité de la Lumière", dans lequel il expose son audacieuse théorie ondulatoire de la lumière. Cette notion a remis en question la croyance prédominante dans la théorie corpusculaire en proposant que la lumière se propage sous forme d'ondes.

La théorie ondulatoire d'Huygens a non seulement remodelé le paysage de l'optique, mais a également modifié notre compréhension de la nature même de la lumière.

Pourtant, le voyage scientifique d'Huygens s'est étendu bien au-delà de cette réalisation. Il est devenu une véritable lumière dans le domaine de l'astronomie, utilisant ses télescopes avancés pour faire des découvertes cruciales. En 1655, Huygens a révélé l'existence de Titan, la lune énigmatique de Saturne, assurant sa place dans l'histoire en tant que première personne à identifier une lune extraterrestre. Documentant méthodiquement les détails complexes de Mars, Jupiter et d'autres corps célestes, il a élargi les frontières de notre connaissance cosmique.

La maîtrise d'Huygens s'étendait au-delà de l'astronomie pour englober les mathématiques. Ses contributions s'étendaient à ce domaine, y compris son travail sur l'horloge à pendule. Cette invention n'était pas seulement une merveille technique, mais aussi un bond transformationnel qui a révolutionné l'art de la mesure du temps lui-même.

L'impact profond des révélations et des innovations d'Huygens lui a valu pléthore de récompenses et de louanges, consolidant son statut de l'un des esprits scientifiques éminents de son époque.

Ivan Getting

Embarquons maintenant pour une expédition guidée par satellite alors que nous plongeons dans l'univers du Système de Positionnement Global (GPS). Malgré le scepticisme initial quant à la dépendance aux machines pour la navigation, le GPS a transcendé ses origines militaires pour devenir un élément essentiel de notre vie quotidienne, changeant notre manière de s'orienter et d'interagir avec le monde. Bienvenue dans un voyage cosmique et technologique alors que nous découvrirons l'évolution, les innovations et l'impact profond de ce remarquable système de navigation. Voyez comment le GPS, initialement considéré comme une technologie de niche, s'est intégré en toute transparence dans notre vie de tous les jours, nous montrant le chemin et nous connectant à la carte mondiale de l'expérience humaine.

Notre exploration nous conduit maintenant dans les études scientifiques et les réalisations d'Ivan Getting, un véritable pionnier dans les domaines de la navigation et de la technologie par satellite.

Ivan Getting, un ingénieur et scientifique américain de renom, a marqué le développement de ce que nous reconnaissons maintenant comme le Système de Positionnement Global (GPS). Né en 1912, la fascination précoce de Getting pour la technologie l'a poussé vers des études scientifiques.

Après un bachelor of science au Massachusetts Institute of Technology (MIT) et un doctorat en génie électrique de l'Université d'Oxford, la formation académique de Getting n'était rien de moins qu'exceptionnelle. Ces années de formation ont ouvert la voie à ses contributions à la science et à la technologie.

Au milieu du XXe siècle, les expériences scientifiques de Getting se sont révélées cruciales pour le développement du GPS. Avec une visionnaire perspicacité, il a conceptualisé un système capable de localiser précisément des positions et de faciliter une navigation fluide à travers l'immensité de notre globe. Bien qu'initialement conçu pour des applications militaires, ce concept visionnaire a rapidement trouvé des applications civiles, catalysant ainsi un changement de paradigme dans divers domaines, du transport aux interventions d'urgence.

Mais comment fonctionne réellement le GPS, une orchestration complexe de technologie et de réseaux de satellites ?

Fondamentalement, le GPS fonctionne grâce à une constellation de satellites qui entourent la Terre, émettant des signaux que nos appareils sont capables de capter. En triangulant les signaux de plusieurs satellites, nos appareils calculent notre position, notre vitesse et même notre altitude, aboutissant à une navigation d'une grande précision.

Il a fait progresser les technologies de cartographie de terrain, augmentant ainsi le paysage de la technologie moderne. Son engagement envers l'innovation lui a valu une myriade de récompenses et de distinctions prestigieuses, soulignant la nature exceptionnelle de ses contributions scientifiques.

Bien que le voyage terrestre d'Ivan Getting se soit achevé en 2003, du guidage des aventuriers le long de sentiers accidentés à l'orchestration de la précision des pratiques agricoles, le GPS s'est maintenant intégré dans notre vie quotidienne.

Conclusion

Alors que nous atteignons les dernières pages de cette exploration des vies et des réalisations de certains des inventeurs les plus célèbres de l'histoire, il est évident que leur héritage collectif transcende le temps et l'espace. Ce livre a été un voyage à travers les réalisations remarquables de ceux qui ont osé remettre en question le statu quo, de ce qui était considéré comme possible ou non, et qui, ce faisant, ont façonné le cours de l'histoire.

L'un des fils conducteurs est le pouvoir de l'imagination humaine. C'est l'étincelle qui allume l'esprit inventif, transformant l'ordinaire en extraordinaire. Les inventeurs que nous avons rencontrés dans ces pages partageaient un trait commun : ils possédaient une curiosité sans limites, une soif inextinguible de connaissance et un désir insatiable pour résoudre les problèmes. Leurs histoires nous rappellent que c'est cette qualité humaine innée qui nous pousse à explorer, à questionner et à rechercher des solutions innovantes aux défis auxquels nous sommes confrontés.

L'innovation, comme nous l'avons vu, est un concept dynamique et fluide. Elle n'est pas confinée à une époque ou à un domaine particulier. Le spectre de l'invention est vaste et multiforme, englobant des domaines aussi divers que la science, la technologie, l'art et le changement social. Ce livre a mis en avant des inventeurs qui ont été des pionniers dans leurs domaines respectifs, que ce soit en révolutionnant la communication, en changeant la donne dans la science médicale ou en redéfinissant les limites de la connaissance spatiale. Leur travail a enrichi nos vies et élargi les frontières de la connaissance humaine.

Un thème récurrent qui émerge est l'idée que l'invention survient rarement en situation d'isolement. Elle prospère au sein d'un écosystème de collaboration, puisant dans la source de la connaissance partagée et de la créativité collective. Beaucoup des inventeurs présentés ici ont participé à des partenariats et à des collaborations qui ont catalysé leurs percées. Ces partenariats étaient marqués par un échange mutuel d'idées, une synergie dynamique qui a propulsé leurs inventions vers de nouveaux sommets. La leçon est claire : l'innovation prospère dans un environnement où les esprits convergent, où des perspectives diverses se croisent et où le génie collectif est supérieur à la somme de ses parties.

Le voyage de l'invention se caractérise également par la résilience et la capacité à apprendre de l'échec. Les épreuves auxquelles ont été confrontés les inventeurs conduisent souvent à des moments de doute et de désespoir. Pourtant, c'est précisément pendant ces moments d'adversité que leur résolution est mise à l'épreuve et leur caractère est forgé. L'échec, n'est pas une fin, mais plutôt une marche vers le succès. L'histoire de l'innovation est riche en récits d'inventeurs qui ont connu des revers répétés, mais qui ont fini par se relever plus forts, armés de la sagesse acquise grâce à leurs expériences.

De plus, l'acte d'inventer a des implications sociales et culturelles profondes. De nombreux inventeurs de ce livre ont pris conscience de la responsabilité qui accompagne l'innovation. Ils ont utilisé leurs inventions pour promouvoir le changement social, pour relever des défis mondiaux cruciaux et pour améliorer la qualité de vie de tous. Leur engagement à utiliser leurs talents pour le bien de la société souligne les dimensions morales et éthiques de l'invention. Cela rappelle que l'innovation n'est pas uniquement un moyen de parvenir à une fin, mais un catalyseur pour le progrès et le bien social.

En conclusion, les histoires des inventeurs dans ces pages sont des témoignages du pouvoir de l'ingéniosité et de la détermination humaine. Ils sont des sources d'inspiration, éclairant le chemin de l'innovation pour tous ceux qui osent rêver et s'efforcent de rendre le monde meilleur. Ces inventeurs n'ont pas seulement laissé leur trace dans l'histoire, mais ont également changé notre façon de percevoir et d'interagir avec le monde. Ils nous ont montré qu'avec une vision, une résilience et un engagement inébranlable à explorer l'inconnu, nous aussi nous pouvons contribuer à l'héritage de l'invention, laissant nos empreintes dans le sable du temps. Les inventeurs de ces pages ne sont pas des figures lointaines du passé ; ce sont des guides et une source d'espoir pour l'avenir, nous invitant dans un monde où les possibilités sont aussi illimitées que l'imagination humaine.

A bientôt pour un prochain voyage !

Alma

13, rue de l'université

75007 Paris

Dépôt légal juin 2024